ASSOCIATION FRANÇAISE

POUR L'AVANCEMENT DES SCIENCES

Congrès d'Alger. — 1881.

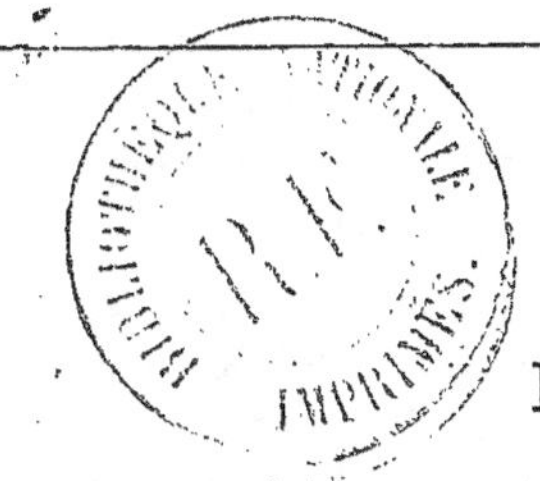

M. CHAUVEAU

Professeur à la Faculté de Médecine de Lyon, Directeur de l'École vétérinaire, Correspondant
de l'Institut.

FERMENTS & VIRUS

I

L'Association française pour l'avancement des sciences ouvre aujourd'hui
sa dixième session, dans la ville d'Alger. Elle vient ainsi prendre à son tour
possession de cette terre d'Afrique, arrachée à la barbarie par les armes fran-
çaises, il y a cinquante ans. C'est comme une nouvelle affirmation du droit de
la France sur sa conquête, prix du sang de ses enfants, récompense du service que notre pays a rendu à la civilisation européenne en lui redonnant,
avec cette riche contrée barbaresque, la liberté et la sécurité de la navigation
dans la Méditerranée.

Le rendez-vous que nous nous sommes donné sur la rive africaine de ce grand
lac latin est un sujet d'étonnement pour les étrangers. Pour nous, c'est un
motif de légitime orgueil. Il montre la grandeur du chemin parcouru, depuis
le jour où la France s'est résolument mise à la poursuite de son œuvre civilisatrice. Sur ce sol algérien, nous nous sentons bien dans un milieu français ;
disons plus, dans la France elle-même ; oui, dans la France, prolongée, à
travers la mer, au delà du seuil de la région saharienne et bientôt, peut-être,
jusqu'aux rives du Niger, où les Français retrouveront leurs compatriotes venus

A

du Sénégal pour leur tendre la main. Saluons respectueusement au passage l'expédition du colonel Flatters. La fin malheureuse de ces héroïques explorateurs ne découragera pas leurs émules. C'est un grand deuil pour la France et pour la science ; notre Association en prend sa part : elle n'en attend pas avec moins de confiance le succès qui a manqué.

Mais l'état actuel de l'Algérie est assez brillant pour n'avoir pas besoin de demander un éclat d'emprunt aux mirages de l'avenir. Notre présence ici affirme assez le succès de la colonisation. Qui eût dit, naguère, que la science viendrait tenir un jour ces grandes assises de la paix et de la civilisation sur le continent africain ? Quelle preuve plus frappante pourrait être donnée de la solidité et de la prospérité du grand établissement que nous y avons fondé ? Honneur à tous ceux qui ont contribué à ce triomphe de la France !

A l'armée nos premières félicitations. Sa discipline, sa valeur, son courage, ont donné l'Algérie à la France. C'est beaucoup, mais nos soldats ont fait plus encore. En assurant l'ordre, en inspirant la crainte et le respect du nom français, l'armée, avec l'aide de ses coopérateurs de l'administration et de la magistrature, a préparé l'établissement du régime civil, c'est-à-dire l'entrée de l'Algérie dans la période de vie normale et régulière des nations dont le présent et l'avenir sont pleinement assurés.

Après l'armée sont venus les colons. Marchant sur les pas de nos soldats, ils ont planté résolument leur tente sur les champs de bataille à peine abandonnés par l'ennemi. Ce qu'ont su faire ces hardis pionniers, nous avons pu en juger par l'exposition du Concours régional, qu'il nous a été permis d'admirer au moment de notre débarquement. Quel sujet d'envie pour bien des départements de la mère patrie ! C'est à ses intelligents et vaillants agriculteurs que l'Algérie doit surtout sa prospérité. Ils croissent et multiplient maintenant sur ce sol, jadis si meurtrier pour eux. Espagnols, Maltais, Italiens, y prospèrent, avec les Français, à côté des indigènes. Chacun de ces peuples fait souche de familles vigoureuses, qui se développent à l'ombre de la même protection, indifférente aux nationalités, dans la distribution des avantages qu'elle procure.

Tous les pays profitent largement de cet état de choses. Un seul en a fait généreusement tous les frais. Il ne se laissera pas troubler, par des tentatives de concurrence jalouse ou ennemie, dans la tranquille jouissance du bien qu'il a fait et qui lui reste à accomplir.

La science est appelée à concourir activement à cet achèvement de notre bel édifice colonial, qui lui doit déjà beaucoup. Par un heureux retour, elle en recevra plus qu'elle n'aura donné. Les conditions particulières de notre Algérie, les matériaux spéciaux qu'on y trouve permettent des études nouvelles, des recherches originales, qui promettent déjà d'importants résultats. Pour m'en tenir aux sujets qui me sont familiers, j'étais frappé, l'année dernière, du profit que j'avais pu tirer, pour la pathologie, d'une étude des maladies charbonneuses sur le sol et les animaux algériens. Ma pensée s'envolait alors au centre même du pays africain, attirée par les mystères de la mouche *tsétsé*, dont le grand Livingstone nous a fait connaître les funestes ravages, véritable obstacle aux voyages de découvertes. Je me disais que, si la physiologie pathologique parvenait un jour à établir la prophylaxie de ce redoutable fléau, elle aurait apporté un concours précieux au progrès des sciences géographiques. Et ce fléau n'était pas le seul objet de mes préoccupations. Elles embrassaient bien d'autres maladies, dont l'étude, dans le milieu africain, me paraissait devoir éclairer aussi l'histoire naturelle des virus. Par une pente insensible, ce courant d'idées m'amenait à la résolution de prendre, pour sujet du discours d'ouverture de notre session d'Alger, l'histoire des conquêtes récentes de la pathologie générale dans le domaine de la virulence. Peut-être y comptiez-vous un peu. Quand vous m'avez élevé, à mon insu, à l'honneur de vous présider, vous avez sans doute pensé à la petite part que j'ai pu prendre à ces conquêtes : « *quorum pars parva fuit.* » Mais vous avez surtout visé l'importance considérable du sujet à l'étude duquel je m'étais consacré.

S'il est une question médicale digne d'intéresser tout le monde, c'est bien, en effet, celle des maladies virulentes. Redoutables aux individus, elles ne sont pas moins funestes aux familles et aux sociétés humaines. Ces maladies n'épargnent pas plus les animaux que l'homme lui-même. Beaucoup jouissent du triste privilège d'être communes à celui-ci et à ceux-là; en sorte que l'homme, pour éloigner de lui la contagion, n'a pas seulement à se garder de son semblable, il faut encore qu'il surveille les animaux domestiques, ses auxiliaires, ses compagnons de la vie sociale. Les épidémies et les épizooties sont des fléaux publics, qui réclament l'intervention de mesures prophylactiques générales. Pour combattre ces fléaux, le législateur a dû réglementer l'exercice de la liberté individuelle et de la liberté commerciale, même les relations de peuple à peuple. C'est là, vous le voyez, une question qui met en mouvement les plus grands ressorts de l'administration gouvernementale. Voilà l'excuse qui me justifie de m'être laissé guider, dans le choix de mon sujet, par mes préoccupations et mes goûts particuliers.

II

Qu'est-ce qu'un virus?

C'est un ferment.

Il n'y a guère plus de vingt ans, cette réponse faisait sourire. Dans un livre sur la contagion, publié en 1853, on lit, en effet, ceci : « M. Dumas, qui s'y connaît, regarde encore l'acte de la fermentation comme *étrange et obscur.* Elle donne lieu, d'après lui, à *des phénomènes dont la connaissance est à peine pressentie aujourd'hui.* Une affirmation aussi compétente ne doit-elle pas décourager ces tentatives qui prétendent éclairer le mode contagieux par le mode fermentatif? Supposez, pour un moment, que les deux faits soient du ressort de l'ordre physique ; que peut-on gagner à éclairer l'un par l'autre, puisqu'il y a mystère des deux parts? *Obscurum per obscurius !* » (Anglada.)

C'est un vitaliste de l'école de Montpellier qui parle ainsi. Son langage ne serait désavoué par aucun adepte de n'importe quelle autre école, car il exprime excellemment l'état de la science au moment où furent écrites les lignes que je viens de citer. Oui, il est parfaitement exact que, il y a vingt-cinq ans, nous ne savions presque rien sur le mécanisme intime des fermentations.

Le plus important de ces phénomènes et aussi le moins voilé, la fermentation alcoolique, avait été l'objet d'un grand nombre de travaux. De ce phénomène on connaissait la plupart des conditions, les actes préparatoires, les produits essentiels, les agents mêmes. Mais le rôle de ces agents était complètement méconnu. Cependant il avait été entrevu, indiqué même avec un grand bonheur d'expression par Cagniard-Latour, quand cet auteur représentait les cellules de levure comme des plantes « susceptibles de se reproduire par bourgeonnement, et n'agissant probablement sur le sucre *que par quelque effet de leur végétation* ».

C'est précisément l'opinion inverse qui régnait alors presque sans partage. Faisant revivre, en les complétant, les idées oubliées de Willis et de Sthal, Liebig avait réussi à faire généralement accepter la théorie dite « du mouvement communiqué », théorie où la fermentation est représentée comme le résultat de l'entraînement des molécules de la matière fermentescible dans le mouvement de décomposition qui se passe à côté d'elle, au sein de matières animales ou végétales azotées, en voie de putréfaction.

Pas plus que la théorie de l'action de contact, soutenue par Berzélius, celle de Liebig ne se montrait, quand on allait au fond des choses, adéquate aux faits qu'il s'agissait d'expliquer. Malgré la vogue dont elle a joui, elle fut d'une stérilité rare, car elle ne fit faire aucune découverte dans le mystérieux champ d'étude des fermentations.

C'est en 1857 que commence l'ère des grands progrès. Elle s'ouvre par le *Mémoire sur la fermentation appelée lactique*, communiqué par M. Pasteur à l'Académie des sciences, dans la séance du 30 novembre. L'auteur avoue franchement qu'il va au delà du fait dans ses conclusions. Il n'hésite pas cependant à es formuler avec une superbe confiance, que l'éclatant succès de ses recherches ultérieures a pleinement justifiée : «Quiconque, dit-il, jugera avec impartialité le résultat de ce travail et ceux que je publierai prochainement, reconnaîtra, avec moi, que la fermentation s'y montre corrélative de la vie, de l'organisation de globules, non de la mort ou de la putréfaction de ces globules, pas plus qu'elle n'y apparaît comme un phénomène de contact, où la transformation du sucre s'accomplirait en présence du ferment sans lui rien donner, sans lui rien prendre. »

Toutes les découvertes qui ont fait une suite glorieuse à cette nette affirmation de la théorie physiologique de la fermentation ont été accomplies en France. Elles font le plus grand honneur à notre pays. Il m'appartient d'ajouter qu'elles illustrent la physiologie contemporaine et nous donnent le droit, à nous, physiologistes, de nous parer du nom de Pasteur, qui a signé la plupart de ces brillantes découvertes. L'école chimique française qui, parmi ses illustres maîtres, compte encore les Chevreul et les Dumas, à côté des Berthelot, des Sainte-Claire Deville, des Wurtz, etc., est assez riche pour permettre à la physiologie de lui faire cet emprunt.

L'œuvre de Pasteur pourrait, en effet, prendre le titre de *Physiologie des ferments* — des ferments vrais ou figurés, bien entendu : ceux dont M. Dumas a dit que, à l'exemple de la levure de bière, qui en est le type, « ils se perpétuent et se renouvellent quand le liquide où s'opère la fermentation leur offre l'aliment dont ils ont besoin », tandis que « les autres, qui ont pour type la diastase, se détruisent toujours quand ils exercent leur action ».

On n'a qu'à prendre, dans cette œuvre de Pasteur, l'étude de la levure de bière pour voir s'éclairer des plus vives lumières le mécanisme intime de la fermentation, par la détermination des fonctions physiologiques de ce microbe.

Comme tous les êtres organisés, la levure a besoin d'aliments et d'oxygène pour vivre, se développer, se multiplier.

En fait d'aliments, ce végétal microscopique est aussi exigeant qu'une plante ou un animal supérieur ; il faut que ces aliments lui fournissent les substances hydrocarbonées, azotées et minérales, nécessaires à la constitution de toute matière vivante. Une mémorable expérience de Pasteur a montré que, à l'instar de toute autre plante, la levure de bière peut emprunter les aliments qui lui sont nécessaires à un milieu purement minéral et faire, avec les éléments qu'il puise dans ce milieu, la synthèse de ses principes immédiats et de ses tissus. Cette expérience a donné à la théorie du mouvement communiqué son premier et son plus rude coup. Aussi Liebig a-t-il cherché, mais vainement, à contester l'exactitude des résultats obtenus par Pasteur. De par cette expérience il est prouvé que les matières azotées des moûts sucrés, qui étaient considérées comme le ferment lui-même, ne sont que des aliments du vrai ferment. On peut les remplacer par un sel d'ammoniaque, auquel la levure prend l'azote don elle a besoin pour se développer et se multiplier. Quant aux matières hydrocarbonées, c'est au sucre qu'elles sont empruntées. Toute la matière fermentescible ne se décompose pas, en effet, en alcool et acide carbonique ; une partie de ses matériaux se retrouve dans les produits secondaires de la fermentation, l'acide succinique et la glycérine ; une autre portion, dans la levure nouvellement formée.

Les conséquences de cette expérience ont été considérables. Elle a inauguré une méthode de recherches qui ont produit les plus brillants résultats, en donnant à la théorie physiologique des fermentations une base inébranlable.

Dans l'étude de l'influence de l'oxygène, l'induction tient une grande place. Mais l'auteur enchaîne le raisonnement aux faits avec une si séduisante sagacité, que nous allons volontiers avec lui là où il veut nous entraîner.

Par les combustions qu'il provoque au sein des êtres organisés, l'oxygène est la source de toute l'énergie dépensée dans les actes physiologiques. Ce gaz est donc aussi nécessaire que les aliments eux-mêmes à la nutrition et à la multiplication de la levure. Jamais, en effet, l'activité de ces deux phénomènes n'est plus grande qu'au contact de l'oxygène libre. Mais, chose remarquable, les cellules de levure ne décomposent alors qu'une petite quantité de sucre en alcool et acide carbonique. Leur pouvoir, comme ferment, est réduit au minimum. Pasteur pense même qu'on pourrait arriver à l'éteindre tout à fait. Mais que cette levure, pleine de vigueur, soit plongée dans un moût privé d'oxygène, la vie cellulaire, qui continuera avec activité, entraînera la rapide décomposition du sucre. La levure peut-elle donc alors se passer d'oxygène? Non. Tant qu'elle n'a pas épuisé l'énergie impulsive acquise en vivant au contact de l'air, elle a le pouvoir de prendre au sucre l'oxygène nécessaire à la production de chaleur dont la transformation est appelée à faire les frais de la nutrition et de la multiplication des cellules. C'est justement par cet emprunt à la substance fermentescible que la levure en détruit l'équilibre de composition, et force les éléments constitutifs de cette substance à se rassembler en un nouveau groupement.

Voilà comment Pasteur en arrive à sa fameuse formule : « *La fermentation, c'est la vie sans air.* »

Il est bien difficile de ne pas accepter cette formule, en apparence paradoxale, quand on suit l'auteur dans la série des expériences par lesquelles il démontre que c'est l'expression d'un fait très général. Semez, en effet, les spores de certaines mucorinées, du *mucor racemosus* surtout, à la surface d'un moût sucré; elles y formeront une abondante et vigoureuse végétation, en absorbant l'oxygène de l'air. Immergez dans le liquide le mycélium ainsi formé; il continuera à vivre et à se développer à l'abri de l'air. Mais alors ce mycélium deviendra ferment; il décomposera le sucre en alcool et acide carbonique, en agissant comme les cellules de levure, dont il tendra, du reste, à prendre la forme et l'organisation. Mettez dans une atmosphère privée d'oxygène des organes végétaux pleins de tissus sucrés, comme des fruits mûrs, à épicarpe parfaitement intact, et la vie cellulaire, en se continuant sous l'enveloppe à l'abri de l'air, provoquera immédiatement la formation d'alcool et d'acide carbonique : fait expérimental important, produit déjà, sous une autre forme, par MM. Lechartier et Bellamy, dans des recherches entreprises pour compléter l'étude de Bérard sur les modifications que les fruits apportent à la composition de l'atmosphère limitée dans laquelle on les conserve.

Le même intérêt et la même signification s'attachent à tous les autres travaux de Pasteur sur la fermentation alcoolique, particulièrement à ses belles études sur l'origine des levures viniques. L'une de ces études, la plus importante, avait été provoquée par l'écrit posthume de Claude Bernard. Elle survit à la cause qui l'a fait naître, l'émotion passagère soulevée dans le monde scientifique par la publication de cet écrit. Ne regrettons pas de fugitives dissensions qui nous ont valu une œuvre durable, réfutation digne de la mémoire de notre grand physiologiste.

Il n'est pas une des autres recherches de Pasteur qui n'apporte le même appui à la théorie physiologique de la fermentation. Qu'on le suive dans son étude de la fermentation acétique, et on le verra mettre encore, avec la plus grande précision, le doigt sur le vrai mécanisme du phénomène. Rien de plus intéressant que cette étude, où tout est neuf. Elle substitue aux fausses explications qui régnaient dans la science et dominaient les procédés de la fabrication du vinaigre une démo nstration si fructueuse de la vraie théorie de l'acétification, que cette démonstrat ion entraîne à sa suite les plus heureuses applications industriel es. C'est enc ore un ferment figuré qui préside à la transformation de l'alcool en acid e acétiqu e. Mais cette fois, le microbe actif, le *mycoderma aceti*, être ssentielle ment aérobie, accomplit sa fonction de ferment en agissant sur l'o: ygène de l'air, qu'il fixe sur l'alcool.

D'autres ferments, au contraire, ne peuvent supporter, sans périr immédiatement, le contact direct de l'oxygène libre. Le vibrion butyrique est le type de ces ferments anaérobies. Aucune des études de Pasteur n'intéresse peut-être la physiologie générale plus que cette démonstration de l'existence de schyzomicètes, pour lesquels l'air est un poison. Les levures alcooliques, qui agissent surtout comme ferment quand elles sont à l'abri de l'air, ne peuvent pas, néanmoins, se passer d'oxygène libre, au moins pour revivifier leur pouvoir de prolifération. Avec les vrais ferments anaérobies, la vie s'entretient absolument sans air. Tout l'oxygène dont ils ont besoin est emprunté aux substances fermentescibles.

La sélection par cultures méthodiques et successives a joué un grand rôle dans la détermination et la spécification des différents ferments. Pasteur en a tiré le meilleur parti, et, après lui, ses élèves et ses imitateurs. C'est à l'emploi de cette méthode que nous devons encore la connaissance des ferments tactique, gallique, nitrique, de ceux qui président à la transformation ammoniacale de l'urine, à la putréfaction des matières albuminoïdes, à la décomposition de la cellulose, etc.

Grâce à l'étude physiologique qui a été si soigneusement faite de tous ces ferments, le retour de la matière organisée à l'état inorganique n'a plus de mystères pour nous. Il n'y a pas à douter que les agents de la mort définitive ne soient des êtres vivants, des microbes. Nous connaissons aussi l'origine des germes de ces agents. Presque toutes les eaux en renferment. Les seules qui en soient dépourvues sont, d'après la démonstration de Burdon-Sanderson, celles qu'on prend à la source, au moment même où elles sortent du terrain à travers lequel elles se sont filtrées. L'air atmosphérique, suivant les régions, en contient plus ou moins, ou même en est totalement privé. Enfin les germes de ferments ne manquent jamais dans le corps même des animaux, destinés, quand la vie en sera absente, à leur servir de pâture.

C'est l'ignorance de l'existence des germes répandus dans le monde extérieur qui avait permis de croire aux générations et aux fermentations spontanées. Ceux de l'air atmosphérique étaient les plus discutés, malgré les démonstrations bien connues de Schwann, de Schultze, de Schrœder et von Dusch. Pasteur a réussi à défier toute négation, en filtrant l'air sur du coton, comme l'avaient fait ces derniers, et en prouvant qu'une parcelle de ce coton, projetée dans une infusion stérilisée, y provoque le développement d'une multitude de microbes-ferments, qui ont bientôt déterminé l'altération du liquide. L'air, en lui-même, est absolument impropre à produire cette altération. Il n'a besoin ni d'être chauffé, ni d'être lavé, ni d'être filtré pour acquérir cette qualité négative. Pasteur est, en effet, arrivé à démontrer que les moins stables des humeurs, l'urine et le sang frais, se conservent indéfiniment dans des ballons ouverts, pourvu que la communication avec l'air extérieur ait lieu par un long col sinueux dont l'ouverture regarde en bas. Ce dispositif suffit à empêcher les particules solides de l'air d'arriver au contact des substances putrescibles. L'atmosphère des ballons reste toujours « optiquement pure », pour employer l'expression de Tyndal. Or plus de germes tmosphériques, plus de fermentation.

Pasteur prouve de même que, si le vin, la bière, le vinaigre, s'altèrent dans les vases où on les emmagasine, c'est que ces précieux produits des fermentations industrielles sont souvent contaminés par les germes d'autres ferments empruntés à l'air, à l'eau ou aux récipients. Chacune des maladies de ces liqueurs est causée par un ferment particulier. Qu'on tue ces germes parasites, ou qu'on les empêche de se développer, ou bien enfin qu'on en prévienne l'introduction au sein du liquide, et le vin, la bière, le vinaigre, ne pourront plus s'altérer.

L'ensemble de ces études est un des beaux monuments de la science contemporaine. Ont-elles dit leur dernier mot? Non. Ont-elles pénétré jusqu'au fond du mécanisme mystérieux des actions chimiques qui, dans les fermentations, accompagnent les actes physiologiques de la vie des microbes-ferments? Pas encore. Mais, en établissant d'une manière irréfutable que ces microbes sont les agents nécessaires des phénomènes de fermentation vraie, ces études ont réalisé un immense progrès, qui comptera dans l'histoire des sciences.

III

Il faut remonter aux plus anciennes études sur les fermentations pour trouver les premières tentatives d'explication de la virulence par un processus analogue. On a songé, en effet, de bonne heure aux points de ressemblance qui rapprochent l'action des virus de celle des ferments : ceux-ci provoquant la décomposition de matières dont le poids est incomparablement supérieur au leur; ceux-là entraînant, par leur insaisissable présence, les troubles les plus profonds de l'économie animale. La conception du virus-ferment est donc loin d'être une idée moderne. Mais on chercherait en vain, avant l'époque contemporaine, la moindre trace d'une preuve expérimentale de l'existence des ferments infectieux. Aussi ne devons-nous à nos précurseurs aucune acquisition sérieuse sur la théorie zymotique de la virulence. Au reste, ils n'auraient pu aller bien loin dans leurs démonstrations, ignorants, comme ils l'étaient, de la vraie nature des ferments.

La théorie parasitaire, très ancienne aussi, se prêtait mieux que la théorie zymotique à la découverte de faits positifs et à la réalisation de véritables progrès. Par un certain côté, en effet, les deux théories se tiennent étroitement, puisque les ferments vrais sont des organismes et que, en se développant sur les animaux supérieurs, ils jouent nécessairement le rôle de parasites. Seulement, les virus-ferments accomplissent une fonction infectante dont l'activité est hors de toute proportion avec leur masse, tandis que les parasites ne sont nuisibles que par le nombre ou par l'importance des organes sur lesquels ils exercent leur action destructive. Cette différence n'aurait pas empêché néanmoins de découvrir quelques-uns des virus-ferments, si les recherches avaient été bien conduites. Mais il n'en est résulté que la découverte de parasites proprement dits, comme l'acare de la gale, trouvé par Raspail. Ce sont là des agents qu'il est nécessaire de tenir soigneusement à l'écart de notre champ d'étude, si nous voulons éviter toute confusion. Lorsque le parasite, fût-il un microbe aussi petit que la psorospermie de la pébrine du ver à soie, ne jouit pas d'une activité délétère spéciale, ce n'est pas un virus : nous n'avons rien à faire avec un tel agent.

C'est en l'année 1850 qu'on rencontre, dans les annales de la science, la première acquisition nette et précise sur la nature des agents virulents. Rayer et Davaine signalent alors la bactéridie du sang de rate. Après eux, en 1855 et 1857, Pollender et Braüell la trouvent aussi dans le sang des sujets charbonneux, sans en reconnaître le rôle et l'importance. En 1860, Delafond l'étudie le premier avec assez de sagacité pour en soupçonner la véritable nature et la propriété infectieuse. Mais ce sont les études ultérieures de Davaine, en 1863, qui font faire les plus grands progrès à la détermination du vrai rôle de la bactéridie. Si la démonstration expérimentale n'est pas encore à l'abri de toute objection, il n'y a plus à douter, néanmoins, que le développement de cette bactéridie ne soit la cause, et non le résultat de l'affection charbonneuse. Pour mon compte, je n'ai pas hésité, dès 1868, non seulement à accepter sans réserve les conclusions de Davaine, mais à les étendre à toutes les maladies septiques ou septicoïdes, comme les infections putrides, provoquées pour la première fois par Coze et Feltz avec l'inoculation d'une très petite quantité de matière infectante, comme les septicémies chirurgicales, la pyæmie, la gangrène, les typhus, etc. Je prédis même alors la généralisation rapide de l'application des travaux de Pasteur sur la fermentation putride, dans cette partie du domaine pathologique. Plus tard, en 1873, mes expériences sur la gangrène tentent la première détermination du ferment qui est l'agent de ce processus. Il est prouvé, par ces expériences, que l'isolement et la mortification d'un organe, privé, sous la peau, de toute relation vasculaire avec le reste du corps, n'entraînent jamais la gangrène si une opération préalable n'a fait pénétrer dans le sang une matière putride spécifique. Une série d'autres faits démontrent que, dans cette matière, il n'y a d'actif que les ferments figurés, auxquels le liquide sert seulement de véhicule.

Jusqu'à quel point les conclusions des premières études sur le sang de rate étaient-elles applicables aux maladies plus habituellement considérées comme maladies virulentes proprement dites? C'est pour le savoir que j'ai entrepris, en 1867, mes expériences sur la détermination de l'état physique de l'agent infectieux dans les humeurs de la vaccine, de la variole humaine, de la clavelée du mouton, de la morve. Il m'est bien permis d'exprimer un sentiment de légitime satisfaction en rappelant que ces expériences ont donné à la science le premier renseignement direct sur la nature des éléments virulents et que, jusqu'à présent, du moins, elles sont restées, pour les virus qui en ont fait les frais, la seule preuve rigoureuse de l'état corpusculaire de ces agents morbides.

Les humeurs virulentes sont formées d'un véhicule liquide plus ou moins séreux dans lequel nagent des parties figurées, comme des hématies, des globules blancs, des globulins, des granulations protoplasmiques, des micrococcus, quelquefois d'autres bactériens ou vibrioniens. Sur quelles substances est fixée l'activité infectieuse de ces humeurs? Le virus est-il une diastase soluble dissoute dans le sérum, ou un ferment figuré, constitué par l'un quelconque des éléments solides flottant au milieu de cette sérosité? Voilà la question que mes expériences ont nettement résolue.

Avec le virus vaccin, j'utilise la propriété qu'il possède de donner naissance à une lésion typique très circonscrite, dans chaque point de la peau où le virus est inoculé à la pointe de la lancette. Qu'advient-il de la production de cette lésion typique, la pustule vaccinale, quand on pratique l'inoculation avec une humeur de plus en plus diluée par un liquide indifférent? Ce qui arrive alors, c'est l'avortement d'un nombre d'autant plus grand de piqûres que la dilution de l'humeur vaccinale a été poussée plus loin. Mais celles qui sont fécondes engendrent des pustules aussi caractéristiques que les inoculations faites avec le vaccin pur. L'activité virulente se manifeste donc non pas avec les caractères d'une propriété uniformément répandue dans le sein de l'humeur et attachée à toutes les molécules, mais comme l'attribut exclusif de quelques-unes de ces molécules, dispersées çà et là et d'autant plus éloignées les unes des autres que la dilution est plus étendue. On voit que l'expérience se prononce en faveur de l'état corpusculaire du virus.

Par un très sûr procédé de diffusion, on peut faire passer dans de l'eau pure les substances solubles des diverses humeurs virulentes ; si l'on essaye alors l'activité de ces substances, isolées ainsi de tout élément corpusculaire, on constate qu'elles sont tout à fait inertes. Voilà la démonstration directe de leur inactivité.

Une série de lavages soigneusement conduits peuvent débarrasser complètement les humeurs virulentes, le pus morveux, par exemple, de toutes les matières solubles qui enveloppent ou imprègnent les éléments corpusculaires. Inoculée sous cet état, la partie solide du pus fait naître la morve, aussi bien que le pus entier. La démonstration est maintenant complète : c'est bien parmi les éléments corpusculaires qu'il faut chercher le virus ; il n'y a plus à douter que ce ne soit un ferment figuré.

En prouvant, par d'autres expériences, que les humeurs, privées de tout élément solide autre que les plus fines granulations, ont encore toute leur activité, j'ai démontré du même coup que le virus-ferment se trouve nécessairement au nombre de ces granulations ou micrococcus.

Quels sont, parmi ces infiniment petits, ceux auxquels est départi le rôle de ferment virulent, c'est ce que je n'ai pas démêlé. Mais je ne suis jamais resté un seul instant dans l'incertitude au sujet de la spécificité de ces éléments. L'aptitude virulente n'appartient pas à toutes les granulations qui fourmillent, en plus ou moins grande quantité, au sein des humeurs. Entre les liquides extraits de diverses lésions, ou même entre ceux qui sont fournis par divers points d'une même lésion, on constate des différences d'activité. Ces différences permettent de conjecturer que le rôle de virus-ferment n'incombe qu'à certains éléments granuliformes, parmi ceux qui naissent sous l'influence des inflammations spécifiques des processus virulents.

Tels ont été les résultats positifs de mes études. Aujourd'hui encore, je n'ai rien à retrancher, ni à ajouter à la démonstration qu'elles ont donné de la nature corpusculaire des virus de la vaccine, de la variole, de la clavelée, de la morve.

Claude Bernard me faisait l'honneur d'apprécier ces études. Peut-être a-t-il eu le tort d'attacher une égale importance aux conclusions précédentes, exacte interprétation des faits expérimentaux, et aux inductions par lesquelles j'ai cherché à établir que l'activité spécifique des agents virulents n'implique pas nécessairement leur individualité spécifique. J'ai dit, en effet, qu'au lieu de constituer des êtres indépendants, doués d'une vie propre, que je n'hésitais pas à attribuer aux ferments des maladies septicoïdes, les virus vrais pouvaient bien être le produit du protoplasma des cellules, irritées par le contact de la matière infectante. Mais cette dernière vue n'établissait qu'une distinction essentiellement provisoire entre deux catégories d'agents de même ordre, que j'ai déclarés très explicitement être appelés, par le progrès des études ultérieures, à se confondre dans une seule et même famille. Néanmoins, en voyant plus tard, dans l'écrit posthume de Claude Bernard sur la fermentation alcoolique, comme notre grand physiologiste s'est laissé entraîner à douer la « *matière protoplasmique* » ou la « *force plasmatique* » des jus de raisins du pouvoir de procéder à la génération de la levure, j'ai songé à nos conversations sur les agents virulents et je me suis demandé si je n'avais pas, à mon insu, contribué à engager dans cette voie le savant illustre qui voulait bien m'écouter. Heureusement, c'est une prétention que je ne saurais avoir : si une influence s'était exercée dans cette circonstance, ce serait plutôt celle du maître sur l'élève.

Que manque-t-il aux démonstrations que je viens de rappeler, pour autoriser l'attribution de l'individualité spécifique à ces virus corpusculaires ? La preuve qu'ils sont aptes à vivre et à se multiplier en dehors de l'organisme; autrement, qu'on peut les cultiver artificiellement, *in vitro*, par les méthodes de sélection introduites par Pasteur dans l'étude des ferments ordinaires. Je ne sache pas que personne y ait encore réussi. Un moment, on put espérer que Pasteur avait déterminé ainsi le virus de la rage; mais il nous apprend lui-même qu'il n'avait cultivé qu'un agent septique nouveau. Tout récemment, M. Toussaint, l'un de mes élèves estimés et aimés, a annoncé qu'il a reproduit le virus de la clavelée dans une série de cultures successives. Mais je ne suis pas encore convaincu que les produits de cette culture soient bien réellement les agents de la variole ovine.

Si le progrès, sous cette forme, se fait attendre un peu pour les maladies virulentes proprement dites, il marche à pas de géant du côté des maladies septicoïdes. Delafond avait avancé hardiment, dès 1860, que les baguettes charbonneuses sont des plantes cryptogamiques susceptibles, dans des conditions favorables à leur végétation, de se transformer en mycélium et de produire des spores. C'est Koch qui en donne le premier la démonstration, seize ans plus tard. Il fait cette intéressante découverte en cultivant le *bacillus anthracis* dans le sérum ou dans l'humeur aqueuse. Les conditions de succès de cette culture, les phases qu'elle parcourt, la multiplication indéfinie du bacillus par une suite d'opérations successives, la conservation de la virulence dans les produits qui en résultent, tous ces faits importants sont vus et décrits par Koch avec une grande netteté.

Koch faisait ses expériences sous le microscope, dans une petite chambre à air. Pasteur reprit, avec ses élèves, cette culture de la bactéridie charbonneuse, dans des récipients où la végétation de la plante virulente peut s'accomplir en toute liberté. Cette culture en grand, imitée de celles que Pasteur avait faites autrefois avec la levure de bière, le ferment butyrique, etc., a été poussée par lui à un grand degré de perfection. Elle fournit aux investigateurs un des plus sûrs et des plus élégants moyens de détermination et d'observation des agents de la virulence.

Le nombre des agents spécifiques qui ont été déjà rigoureusement déterminés par cette méthode des cultures *in vitro* n'est pas encore bien notable. On cite, avec la bactéridie charbonneuse, le microbe du rouget ou pneumo-entéritis du porc, découvert par Klein; celui du choléra des poules, dont la détermination, heureusement commencée par Toussaint, a été si bien achevée par Pasteur. Ajoutons deux autres conquêtes de ce dernier, le vibrion de la pyæmie et l'agent de la septicémie, ou plutôt d'une des maladies infectieuses, peut-être assez nombreuses, qu'on peut considérer comme des septicémies. La liste enfin est sur le point de s'enrichir du *bacillus malariæ*, de Klebs et Tommasi-Crudelli.

Mais les services que la méthode est en train de rendre à l'étude des conditions de vie, de reproduction, d'activité, de conservation des ferments virulents sont déjà immenses. Dans l'économie animale, il est difficile de suivre les virus, de les soumettre aux influences capables d'en montrer nettement les fonctions et les caractères physiologiques. Dans les récipients où se font les cultures, on est aussi absolument maître de ces virus que des levures et autres ferments ordinaires. On peut les éprouver par toutes sortes de traitements, trouver ainsi les aliments qui conviennent le mieux à ces agents de la virulence et les substances dont ils ne peuvent s'accommoder ; la meilleure atmosphère respirable et les gaz qui tuent; la température la plus favorable au développement et celle qui empêche toute multiplication. Quel moyen plus commode que la culture, pour s'assurer à la fois de la force de résistance des virus et de la puissance de l'homme sur ces microbes pernicieux, pour connaître les influences qui les favorisent, les ennemis qui exercent à leur égard la concurrence vitale, les substances qui les empoisonnent, en un mot toutes les conditions susceptibles d'exalter, de détruire ou de modifier leur activité?

Nous allons voir tout à l'heure l'énorme intérêt pratique qui s'attache à ces recherches, inaugurées et poursuivies par Pasteur. Mais rattachons-les d'abord à la conclusion que nous poursuivons, sur la détermination générale de la nature des virus, en faisant remarquer que le résultat des cultures virulentes justifie pleinement ceux qui prétendent formuler la définition du virus par celle du ferment figuré.

I V

L'adoption de cette définition entraîne un certain nombre d'intéressantes conséquences. Il en est une dont la discussion ne peut être évitée ici, c'est la nécessité d'adapter la conception du virus-microbe aux lois de l'hérédité biologique.

Nous savons que l'hérédité, ce grand et puissant facteur des familles et des peuples, est elle-même le résultat de deux facteurs, le père, la mère, dont la part respective d'influence a été, est et continuera à être très vivement discutée. L'homme, qui a presque toujours tenu la plume dans ces discussions, a eu naturellement une grande tendance à faire au père la part du lion. Dans ses accès de franchise, il convient cependant volontiers que l'enfant tient de la mère autant que du père, que le jeune emprunte à l'une, aussi bien qu'à l'autre, le principe de ses vices ou de ses vertus, de sa faiblesse ou de sa vigueur, ses aptitudes de toute sorte, en un mot l'ensemble de ses prédispositions héréditaires, sans en excepter celles qui ont un caractère morbide et qui aboutissent à l'évolution des dyscrasies et des diverses dégénérescences physiques ou intellectuelles.

Mais l'enfant n'hérite pas que d'aptitudes et de prédispositions; il prend à ses parents leurs maladies mêmes. Quand on envisage l'hérédité à ce dernier point de vue, il n'y a plus égalité d'influence entre ces deux facteurs. Le rôle de la femme devient tout à fait prépondérant. C'est une conséquence nécessaire de l'intime solidarité qui existe entre la mère et l'enfant, pendant la gestation, de l'étroite union résultant de cette vie commune, prolongée encore par l'allaitement après la naissance.

Dans cette période de fusion des deux existences, les maladies virulentes contractées par la mère se communiquent aisément à l'enfant. Les exemples ne manquent pas. Il y en a qui démontrent que, à défaut de la maladie, ce sont les conditions de l'immunité qui sont ainsi transmises. Le plus probant des exemples de cette dernière catégorie est certainement ce fait, que je suis venu constater ici l'année dernière, à savoir que l'agent charbonneux en se développant, même imparfaitement, dans les vaisseaux de la mère, sans pénétrer aucunement dans ceux du fœtus, peut néanmoins rendre celui-ci tout à fait réfractaire au charbon. Il n'est nullement téméraire d'affirmer que cette influence de la mère est un fait général. Parmi les maladies non encore étudiées à ce point de vue, il en est sans doute qui ne se communiquent pas, même sous forme bénigne, de la mère au produit. Mais, en se développant sur la première, elles jouissent probablement de la précieuse faculté de donner au second l'immunité contre les chances de contagion auxquelles l'enfant et l'homme fait se trouveront plus tard exposés. Il me semble que le jour n'est pas éloigné où la démonstration de ce mode d'inoculation préventive sera péremptoirement établi, pour les plus communes et pour les plus graves des maladies infectieuses, comme la scarlatine, la rougeole et les différents typhus, y compris la terrible dothiénentérie.

De tous les faits connus, dans ce domaine spécial, aucun n'est contraire à la théorie microbiotique de la virulence. Tous s'adaptent, avec la plus grande facilité, à l'idée de l'indépendance, de la vie individuelle de l'agent virulent, à la conception du virus-être jouissant de son existence propre. L'enfant, pendant la gestation, n'est en effet qu'un organe de la mère. L'osmose placentaire permet la communauté du plasma sanguin; et les minces parois qui séparent les deux sangs ne sont pas un obstacle invincible au passage de ces infiniment petits qui constituent les éléments essentiels de la virulence.

Mais si, du rôle de la mère, nous passons à celui du père dans la transmission héréditaire des maladies virulentes, il n'y a plus d'adaptation possible de la théorie microbiotique. Le mode de participation du père à la génération du nouvel être est incompatible avec cette théorie : réception héréditaire d'un virus par la voie paternelle et individualité de ce virus, ce sont là des termes absolument contradictoires. Ou bien les virus sont des agents doués d'une vie indépendante, et alors le père est incapable de communiquer directement une maladie virulente au germe qui va se développer dans le sein de la mère, ou bien la possibilité de cette communication est un fait acquis à la science et, dans ce cas, la théorie microbiotique est une erreur.

En principe, on peut bien présenter ce dilemme sous la forme générale et absolue que je viens de lui donner; mais on échappe nécessairement à cette brutale alternative quand on tient compte, comme il convient, des résultats sûrement et définitivement conquis. En réalité, la contradiction ne peut porter que sur un nombre fort restreint de maladies. C'est à elles seulement que s'adresse notre dilemme. Nous savons, à n'en pas douter, que l'ensemble des virus se comportent comme des microbes à vie indépendante. Si donc nous étions appelés à constater qu'une maladie réputée virulente peut être transmise héréditairement à l'enfant par le père, nous aurions à suspecter la nature vraiment virulente de cette maladie; ou bien, si cette mise en suspicion n'était pas possible, nous serions autorisés à considérer le virus susceptible d'être ainsi communiqué par le père comme faisant classe à part.

Les chances sont, jusqu'à présent, en faveur de la négation de l'influence directe du père dans la transmission héréditaire des maladies virulentes. Les faits d'apparence contradictoire s'expliqueraient par la contamination préalable de la mère. Si cette solution triomphe, elle aura eu raison de la principale pierre d'achoppement qui fait obstacle à la généralisation de la théorie microbiotique des virus. Si, contre toute prévision, c'est l'autre solution qui l'emporte, nous aurons à maintenir, à côté des contagiums animés, le cadre spécial où j'avais provisoirement rassemblé les maladies dont l'agent, quoique aussi de nature corpusculaire, se montre encore rebelle aux tentatives de culture artificielle en dehors de l'organisme.

Quand même le triomphe complet de la théorie microbiotique des virus se ferait attendre, il n'en resterait pas moins démontré que, dans le domaine de l'hérédité morbide, l'influence du père est incomparablement moindre que celle de la mère. Cette solution est bien définitivement acquise. L'homme se hâtera d'en triompher, n'en doutons pas. Sa passivité lui tourne à avantage :

il en tirera vanité et se glorifiera, comme d'un précieux privilège, de son impuissance à contaminer directement sa race. Ne le laissons pas s'endormir dans ce sentiment d'orgueilleuse supériorité. Jouirait-il sans conteste de cet avantage, qu'on pourrait toujours lui demander de qui la mère tient le poison qu'elle verse parfois dans le sang de son enfant. Que l'homme ne se vante pas de son effacement. S'il n'a qu'une influence directe restreinte sur le rejeton qui doit perpétuer sa famille, il ne doit pas oublier qu'il peut faire beaucoup de mal à son enfant en en faisant à la mère.

C'est à celle-ci à exulter l'importance de son rôle, dans la perpétuation des familles; à s'enorgueillir de l'influence considérable qu'elle exerce sur l'enfant, cet espoir de la race et de la nation. « Tu partages mon sang et ma vie, peut-elle dire à l'être qu'elle porte dans son sein. Je te donne ma vigueur et ma beauté, les qualités qui ornent mon cœur et mon intelligence. Tu as de plus à attendre de moi la santé, si ton père veut bien respecter la mienne. Des maladies qui s'abattront sur moi, tu tireras parfois un principe de résistance aux effets de la contagion, à laquelle tu seras exposé plus tard, quand tu jouiras de ta vie propre. Pour t'assurer cette préservation, je pourrai même courir au-devant du mal et rechercher volontairement l'inoculation infectieuse qui te procurera, par mon intermédiaire, le précieux bénéfice de cette immunité. » — Pourquoi, se sachant en possession de cette grande puissance, les mères ne voudraient-elles pas l'exercer? La science nous aidera dans cette tâche, en en ôtant tout péril. Mais, dût celle-ci ajouter aux charges et aux dangers de la maternité, l'héroïsme des mères ne reculerait pas devant ce nouveau service à rendre à leurs enfants.

La science physiologique livre ces considérations à la société. Que celle-ci, maintenant éclairée sur la grande influence du procréateur féminin, sache lui demander les générations fortes et vigoureuses, dont la possession est pour elle d'un intérêt si pressant et si vivace.

V

On a toujours attribué beaucoup d'importance aux bénéfices que la pratique médicale peut tirer des conquêtes de la science pure. Aussi l'attention publique s'est-elle attachée tout de suite aux études contemporaines sur la virulence et leur a-t-elle demandé des ressources nouvelles pour traiter les maladies infectieuses, en empêcher la contagion, ou mettre les individus en état d'y résister.

Sur le terrain de la thérapeutique, on peut dire que, jusqu'à présent, les tentatives d'application des découvertes récentes ont été absolument stériles. Ces tentatives se bornent, du reste, à quelques essais de traitement du sang de rate par la pratique de l'échauffement. Mais l'avenir nous réserve sans doute d'heureuses surprises.

De bien meilleurs résultats ont été obtenus dans le domaine de la prophylaxie. En prouvant, par ses curieuses expériences, la conservation des germes virulents du sang de rate à l'intérieur ou à la surface du sol où l'on a enfoui des cadavres d'animaux charbonneux, Pasteur a rendu un service des plus signalés. Il a donné ainsi un solide point d'appui à l'opinion des vétérinaires instruits qui, à l'exemple de C. Baillet, ont soutenu que la réapparition de la maladie dans les pâturages, après une éclipse, ne peut avoir d'autre origine que les agents virulents fournis par des malades, plusieurs mois ou même plusieurs années auparavant. Quand une cause de contagion est si bien démontrée, il est facile de la faire disparaître. Un autre exemple, beaucoup plus saisissant, est fourni par l'introduction, en chirurgie, de la bienfaisante méthode antiseptique de Lister. Cette méthode est un dérivé direct de la démonstration de l'exactitude de la théorie panspermique. On n'a plus à prouver l'immense bénéfice qu'on retire de la soustraction des plaies à l'action des ferments infectieux répandus dans l'atmosphère et dans les eaux, ou attachés aux instruments, appareils et objets de pansement.

Mais ce n'est pas là encore que se trouve le grand avantage pratique des progrès faits récemment par la théorie de la virulence. Les belles applications de ces progrès de la science physiologique porteront surtout sur l'immunité conférée par les inoculations préventives. Appuyée sur le principe de la non-récidive, bien constatée pour un certain nombre de maladies virulentes, la pratique des inoculations préventives est en train de prendre un si bel essor et de conquérir une si grande place dans les études de physiologie pathologique, qu'il y a service à rendre à montrer exactement le point où la question est arrivée.

Le principal, presque l'unique problème à résoudre, c'est de rendre ces inoculations préventives sûrement et constamment bénignes.

Pour cela, cinq moyens sont à notre disposition :

Agir avec des virus, non pas de même espèce, mais de même famille et naturellement bénins ;

Communiquer aux virus malins une atténuation spécifique et permanente, c'est-à-dire indéfiniment transmissible ;

Ou bien obtenir simplement l'affaiblissement individuel du virus ;

Demander la diminution d'activité des virus au petit nombre des microbes infectieux mis en rapport avec l'organisme ;

S'adresser, pour obtenir cette diminution d'activité, à un mode particulier d'introduction des agents infectieux ;

Enfin, combiner plusieurs de ces procédés, pour arriver plus sûrement au résultat.

Le premier moyen a son type et son exemple presque unique dans l'emploi du virus vaccin pour préserver des effets fâcheux du virus variolique. Peut-être arrivera-t-on, un jour, à démontrer que le premier n'est qu'une forme atténuée du second. Mais, pour le moment, les expériences par lesquelles j'ai démontré que l'étroite parenté qui relie ces deux virus n'implique pas leur identité spécifique conservent toute leur signification et doivent continuer à recevoir l'interprétation que j'en ai donnée.

Nous possédons un second exemple de cette influence réciproque de deux virus de même famille dans les expériences qui ont fait voir à Pasteur que l'inoculation du virus atténué du choléra des poules les préserve également du charbon. Mais cet exemple n'aura toute sa valeur qu'après de nouvelles expériences. Il sera nécessaire d'établir que l'influence préservatrice du choléra des poules, à l'égard du charbon bactéridien, se manifeste non seulement sur les gallinacés, sujets quasi réfractaires au charbon, mais encore sur les animaux très aptes au développement des deux maladies, comme le lapin et le cochon d'Inde.

L'atténuation spécifique et permanente d'un virus malin est établie par les belles observations et expériences qui, dans ces derniers temps, ont amené Pasteur à la transformation du virus mortel du choléra des poules en un agent anodin, transmissible avec ses qualités de bénignité. C'est le premier fait d'atténuation virulente artificielle ou expérimentale qui existe dans la science. J'ai démontré, en effet, qu'il ne fallait pas croire à la transformation du virus variolique malin en virus vaccinal bénin, par la culture du premier dans l'organisme des animaux de l'espèce bovine. Cette prétendue transformation est un leurre. Si donc, par ses procédés de culture et de conservation, *in vitro*, dans un milieu oxygéné, Pasteur parvient à donner aux virus malins une bénignité qui soit à l'abri de tout retour offensif de la malignité atavique, il aura été le véritable créateur d'une méthode qui est appelée à rendre les plus grands services à la science et à l'humanité.

Tout fait prévoir que le premier succès de Pasteur avec le choléra des poules et celui, plus brillant encore, qu'il vient d'obtenir avec le sang de rate, ouvrent une ère nouvelle de découvertes fécondes en résultats pratiques.

Au lieu de poursuivre l'atténuation permanente et transmissible des virus malins, on peut les inoculer tels quels, après avoir instantanément endormi leur nuisible activité par un traitement convenable. L'atténuation alors ne porte pas sur l'espèce : elle est purement individuelle. C'est ce qu'a fait Toussaint avec le sang de rate, dans d'importantes expériences dont Pasteur a donné l'exacte interprétation.

Dans les trois cas précédents, que la bénignité soit naturelle au virus, ou conquise par lui, il est très facile de s'expliquer le mode d'action des agents infectants. En somme, avec ces procédés, on reproduit exactement ce qui se passe dans les inoculations avec le virus malin. Il n'y a qu'une différence : le processus pathologique qui crée les conditions de l'immunité peut, grâce à l'affaiblissement de l'agent morbifère, accomplir toutes ses phases sans atteindre les sources de la vie. La théorie des procédés que je vais indiquer maintenant paraît moins simple et plus difficile.

Contrairement aux idées généralement admises, la réduction du nombre des agents virulents employés pour pratiquer les inoculations est capable d'exercer une grande influence sur les résultats de ces inoculations. Quelques indications existent déjà à ce sujet dans mes travaux sur la vaccine; mais le fait qui m'a le plus frappé et qui m'a engagé à faire des recherches dans cette nouvelle direction, c'est le résultat de mes inoculations charbonneuses sur les moutons d'Algérie, avec de petites ou de grandes quantités de virus. Celles-ci triomphent parfois de la résistance naturelle des moutons algériens contre le charbon. Celles-là ne sont pas suivies d'accidents graves et exercent une action préventive très nette, à l'égard des inoculations ultérieures, faites avec de grandes quantités de virus. La non-récidive du sang de rate était ainsi démontrée, pour la première fois, d'une manière saisissante.

Or, il n'y a pas de raison de penser que ce qui se passe dans l'organisme de sujets doués d'une très faible réceptivité, pour un virus, ne puisse se reproduire sur les sujets dont la réceptivité est grande. Théoriquement, il doit suffire de réduire considérablement le nombre des agents infectieux, en le mettant en rapport inverse avec l'aptitude des sujets, pour obtenir des effets bénins, pour rendre même les agents virulents tout à fait inactifs. En pratique, il est peut-être impossible d'y réussir avec nombre de virus. Mais il y a lieu d'être très satisfait du profit que j'ai déjà tiré de l'application du principe.

J'ai obtenu, en effet, des résultats pratiquement utilisables, dans mes expériences sur la maladie infectieuse connue sous le nom impropre de « charbon symptomatique », qu'Arloing et Cornevin ont eu le grand mérite de distinguer du vrai charbon en montrant qu'elle a pour agent une bactérie mobile, et non pas la bactéridie immobile de Davaine.

Le mode d'introduction des agents virulents exerce aussi une grande influence sur leur activité. Parmi les exemples qui peuvent en être donnés, les plus beaux résultats sont ceux qui permettent de comparer les effets des injections intravasculaires avec ceux des inoculations sous l'épiderme, ou dans le tissu conjonctif. L'atténuation des premiers est, dans certains cas, très prononcée. C'est avec le virus vaccin que j'ai fait la première observation de ce genre. Chez les animaux de l'espèce bovine, la simple piqûre d'une pointe de lancette, trempée dans l'humeur vaccinale, suffit à communiquer la vaccine, avec son accident local, les phénomènes généraux qui l'accompagnent et, enfin, l'immunité consécutive. Injectées dans une veine, plusieurs gouttes de la même humeur vaccinale restent absolument inactives, à moins qu'il n'y ait eu inoculation accidentelle du tissu conjonctif périvasculaire. Dans ce cas, survient une tumeur locale, dont le travail évolutif crée l'immunité, tout aussi bien que le développement du bouton vaccinal.

Des résultats analogues sont obtenus sur le cheval, mais avec une différence fort remarquable, montrant que l'aptitude vaccinogène est plus développée dans cette espèce animale. Les injections intravasculaires font naître, parfois, des exanthèmes vaccinaux plus ou moins abondants, tout à fait semblables aux éruptions naturelles. Plus souvent, ces injections semblent absolument inactives, comme chez les animaux de l'espèce bovine; inactives, en ce sens qu'elles ne déterminent pas d'éruption; mais elles n'en créent pas moins une solide immunité, ce qui n'arrive jamais sur ces derniers sujets.

Ayant appliqué ces données à l'inoculation du virus de la péripneumonie bovine, j'ai constaté des faits de même nature. L'immunité qui, d'après la belle et féconde observation du docteur Willems, est obtenue par les inoculations sous-cutanées, l'est également par les injections intraveineuses. Mais, tandis que l'inoculation d'une très petite quantité de virus dans le tissu conjonctif fait naître une tumeur locale et peut engendrer les accidents gangréneux les plus graves, une quantité plus considérable de matière infectante, injectée dans une veine, ne donne pas autre chose que la fièvre. Il n'est pas sûr que, avec l'un ou l'autre procédé, on ait jamais communiqué la maladie vraie, c'est-à-dire l'inflammation typique du poumon et de la plèvre. On y réussit fort bien, au contraire, par la communauté de la respiration, entre un sujet malade et un animal sain.

L'application des principes qui découlent de mes expériences sur la vaccine vient encore d'être faite sur un terrain nouveau, celui du charbon bactérien, dans les expériences exécutées à mon laboratoire, par MM. Arloing et Cornevin. Injecté dans le tissu conjonctif sous-cutané ou intramusculaire, le virus reproduit facilement la maladie mortelle, pour peu qu'il soit abondant. Il est très rare que son introduction dans les veines, si la quantité de virus n'est pas considérable, engendre cette maladie ; mais cette injection intraveineuse donne toujours naissance à l'immunité.

Voilà donc, formée de la combinaison de deux procédés, une nouvelle méthode d'inoculations préventives bénignes. C'est une féconde application pratique d'expériences qui visaient d'abord un autre but : l'acquisition de documents propres à mettre en évidence le mode d'action des virus sur l'économie animale, et à donner ainsi la clef de l'immunité acquise. La lumière n'est pas encore complètement faite sur cette question fondamentale. Il semble même que la théorie du virus-ferment, mise en présence du fait brut de la non-récidive, se heurte à une irritante contradiction. Pourquoi ces parasites spéciaux trouvent-ils tant d'obstacles à leur multiplication, dans le terrain qui a servi une première fois à leur développement, quand cette condition se montre si complètement indifférente à la repullulation de tous les autres parasites, quand on voit les sols, épuisés par une culture, reprendre vite dans le repos toute leur fécondité ? Laissons les faits s'accumuler encore ; continuons à étudier les virus, d'un côté dans leur milieu naturel, de l'autre, par les cultures en vases clos ; et bientôt, du rapprochement des résultats obtenus jaillira la lumière, qui éclairera le couronnement de la théorie microbiotique de la virulence.

VI

Je me suis plu, dans les dernières parties de cette revue, à vous signaler les grands services que l'humanité attend des études de la science contemporaine, sur la théorie de la virulence. Il est néanmoins bien loin de ma pensée de vouloir vous faire surtout apprécier ces études par leur portée utilitaire. Ce n'est pas aux intelligences d'élite, qui composent cette assemblée, qu'il faut apprendre que la science a de plus hautes visées.

Avant tout, la science cherche à comprendre et veut savoir. Quand elle y réussit, elle se trouve suffisamment payée et largement satisfaite. C'est souvent par surcroît que le reste lui est donné, j'entends les applications pratiques, utiles aux sociétés humaines. Elle n'est pas insensible à ces avantages, parce que rien de ce qui touche au bien-être matériel de l'homme ne saurait être indifférent à la science. Mais, si elle est heureuse d'accomplir le bien, elle est plus fière de découvrir le vrai. Faire de la lumière, voilà la première préoccupation de la science, et aussi sa grande mission civilisatrice. Atome perdu dans un monde qui n'est lui-même qu'un misérable atome, que serait l'homme si l'ignorance le condamnait à vivre inconscient des lois éternelles qui, dans l'univers, gouvernent la force et la matière ? Pour le savoir, il ne faut pas s'enfoncer bien loin dans l'intérieur de ce continent africain qui nous donne aujourd'hui l'hospitalité. L'être dénué qu'on y rencontre n'est pas seulement chétif; il est abject. Comparez-le à celui qui connaît : voilà le vrai roi du monde, et c'est par le savoir seul que ce monarque affirme sa royauté et fait constater sa véritable grandeur.

L'homme ne se laissera jamais destituer de cette supériorité. Il voudra toujours connaître davantage. Passion des âmes élevées, qu'aucun travail ne rebute, qu'aucun danger n'effraye quand il s'agit de conquérir des idées, des faits scientifiques, et de forcer la nature à livrer ses secrets. La récompense est au bout de ces efforts, de ces luttes titanesques pour escalader le ciel où la déesse de la science se dérobe à nos adorations. Plus de voiles autour d'elle! La Vérité nous apparaît dans son éblouissante nudité, et nous pouvons en admirer les formes idéales.

De ces hautes et réconfortantes satisfactions certaine école se soucie bien peu. Elle n'aime guère à se lancer à la poursuite de l'idéal. Celui de la science, la possession de la vérité, laisse cette école indifférente, s'il n'en doit résulter rien d'utile aux intérêts matériels du plus grand nombre. Détournons-nous avec empressement de cet étroit point de vue, qu'on se plaît trop à montrer aux masses. Malheur aux sociétés qui se laissent entraîner dans les voies de ces dangereux sophistes, aux démocraties disposées à ne tenir compte, dans les progrès de la science, que des réformes par lesquelles ces progrès contribuent à l'amélioration du sort de la foule!

L'objectif idéal de la science est une force, la plus grande peut-être de celles qui sont mises en jeu pour le perfectionnement de l'humanité. Si l'empire appartient aux forts, il sera toujours l'apanage des nations qui auront su tirer le meilleur parti de ce moyen d'action. Les forts ne sont pas seulement les hommes qui sont le mieux nourris, le mieux habillés, le mieux outillés, le mieux armés, mais ceux encore qui ont l'intelligence et le cœur le plus largement ouverts aux grandes pensées et aux grands dévouements. La vraie puissance réside dans ce haut épanouissement de l'esprit humain, épanouissement auquel la culture scientifique prend tous les jours une part de plus en plus grande. Aussi la science peut-elle s'enorgueillir à bon droit de contribuer puissamment à former nos jeunes générations ; à faire naître les hommes d'élite qui ouvrent à celles-ci les voies nouvelles et sauront les conduire, avec sûreté, dans ces chemins de l'avenir ; à constituer ainsi les peuples sains, les nations puissantes, capables de se faire respecter et dignes de marcher à la tête de la civilisation.

Il est vrai que nos sophistes attendent, comme un prochain et inévitable progrès, la disparition de tout antagonisme entre les diverses nationalités. Les barrières qui séparent les peuples vont bientôt tomber, d'après eux. Entendez-les parler. Plus de frontières à défendre, plus de rivaux qui viendront s'y ruer et s'y entre-détruire. Sous le règne de la fraternité universelle qui se prépare, l'homme n'aura plus à prendre souci d'être fort, pour se défendre contre ses voisins et triompher de leurs attaques. Il pourra se livrer entièrement à la préoccupation de son bien-être, à l'amélioration matérielle de son existence, seul but utile de la vie. Quel besoin l'homme a-t-il donc de donner à sa force matérielle l'appui de la force morale, puisée dans le culte de l'idéal? On n'a plus que faire alors des hautes intelligences, des cœurs forts et des grands caractères.

Ce ne sont pas les naturalistes dignes de ce nom qu'abuseront ces décevantes chimères. Instruits par l'étude de l'évolution des populations animales et des sociétés humaines, ils estiment que la vie ne cessera pas d'être l'enjeu d'un combat. Si jamais un magique coup de baguette réalisait tout à coup ce rêve de paix et de fraternité universelles, que faudrait-il pour en faire une perpétuelle réalité? Rien moins que dominer les forces implacables de la nature; régler le chaud et le froid, empêcher les cataclysmes et les fléaux destructeurs, sans compter tant d'autres exigences inhérentes à l'organisation naturelle des sociétés et au caractère de l'homme lui-même. Autrement, les inégalités reparaîtraient bientôt; on verrait renaître la concurrence, et la lutte pour l'existence s'imposerait de nouveau comme une inexorable nécessité. Quelle intelligence, quelle autorité surtout serait capable de réformer cet arrêt du destin, de prendre, dans le monde, le rôle bienfaisant d'une providence régulatrice et dispensatrice, qui corrigerait les erreurs du sort et répartirait également les ressources entre les nations? L'humanité attendra longtemps ce nouveau Messie. Aussi, les barrières qui séparent les peuples resteront-elles debout, et, partout, le besoin de protection réciproque, sauvegarde des intérêts de la communauté nationale, continuera à réunir les hommes autour du drapeau de la patrie.

Travaillons donc à rendre la nôtre grande et forte, pour qu'elle soit respectée. La démocratie française, éclairée sur ses véritables intérêts, saura exploiter dans ce but les conquêtes morales, aussi bien que les avantages matériels de la science. Notre Association en donne l'exemple. Rendons-lui ce témoignage, qu'elle a su imprimer cette double tendance à ses travaux et qu'elle a ainsi contribué à rehausser à la fois l'honneur et la prospérité de la France.

Saint-Ouen (Seine). — IMPRIMERIE CHAIX. — 86, rue des Rosiers. — 356-2.